日本烘焙师的专业配方

荒木典子的法式冻派和慕斯

[日] 荒木典子 著　　钱海澎 译

Terrine & Mousse

前言

色彩丰富、令人赏心悦目的法式冻派和慕斯登场了。

法式冻派是使用法式冻派模具制作的料理。
或许你觉得这是在西餐厅才能吃到的菜品，但在本书中，我将向你介绍在自己家里也可以简单操作的冻派食谱。

在本书中，把咸味的蒸品叫做法式冻派，而把甜味的蒸品叫做慕斯。
制作这份食谱充分考虑到三个要素：操作简单、看上去美观以及口味均衡。
无论是传统的食谱还是创新食谱，都是我的自信之作。

没有法式冻派的专门模具没关系，即便是料理的初学者也无妨。
因为使用磅蛋糕模具也可以制作，只要细心、耐心，一定可以做出美味的法式冻派和慕斯。
由于可以提前准备，非常适合特别的日子或招待客人食用。
切分的时候，一定会引来欢声一片！

中间的馅料和添加的沙司，你可以随意施展创意。
希望可以进行各种创新尝试，打造专属于你的精品。

荒木典子

CONTENTS

Part 1

尝试用身边的模具
来制作美味吧

法式冻派&慕斯的基础知识………9

基础法式冻派

法式乡村冻派………12

基础慕斯

草莓慕斯………16

创意模具………18

美味保存法………20

Part 2

简单！法式冻派

肉类法式冻派

里脊肉苹果沙司………22

鸡肝冻派………24

意式鸡肉冻派卷………26

松风冻派………28

牛肉红薯冻派………29

坚果肉馅冻派………30

咖喱肉馅冻派………32

浓汤冻派………34

鱼贝类法式冻派

鲑鱼冻派………36

土豆沙丁鱼冻派………38

法式蒸牡蛎冻派………39

干贝菜饭冻派………40

鲷鱼蟹羹冻派………42

金枪鱼夹心冻派………44

鲜虾鱼肉山芋饼冻派………46

蔬菜冻派

夏季蔬菜冻派⋯⋯⋯48

蜂蜜番茄冻派⋯⋯⋯50

玉米冻派⋯⋯⋯52

蘑菇冻派⋯⋯⋯54

竹笋法式咸冻派⋯⋯⋯56

库斯沙拉冻派⋯⋯⋯58

芦笋干贝冻派⋯⋯⋯60

无花果芝麻冻派⋯⋯⋯61

其他法式冻派

香肠扁豆咖喱冻派⋯⋯⋯62

蛋糕寿司⋯⋯⋯64

中式粽子⋯⋯⋯66

萝卜饼⋯⋯⋯68

更有趣的创意美味

搭配吐司当早餐⋯⋯⋯70

添加在沙拉中⋯⋯⋯71

摆放在三明治上⋯⋯⋯72

宴会时的下酒菜⋯⋯⋯73

香煎后作主菜⋯⋯⋯74

Part 3
简单！慕斯

水果慕斯

焦糖香蕉慕斯⋯⋯⋯76

水蜜桃鸡尾酒果冻⋯⋯⋯78

菠萝椰果慕斯⋯⋯⋯80

甜柿烤乳酪蛋糕⋯⋯⋯82

哈密瓜杏仁豆腐⋯⋯⋯83

巧克力、乳制品慕斯

巧克力慕斯⋯⋯⋯84

杏仁牛奶冻⋯⋯⋯86

轻乳酪⋯⋯⋯88

可可布丁⋯⋯⋯90

巧克力蛋糕⋯⋯⋯92

提拉米苏⋯⋯⋯94

日式慕斯

蜜豆慕斯⋯⋯⋯96

抹茶慕斯⋯⋯⋯98

黄豆粉慕斯&蕨菜饼⋯⋯⋯100

南瓜浮岛慕斯⋯⋯⋯102

枇杷琼脂⋯⋯⋯104

黑豆琼脂⋯⋯⋯105

更有趣的创意美味

搭配植物奶油和红小豆⋯⋯⋯106

混合冰激凌⋯⋯⋯107

搭配糖煮水果⋯⋯⋯108

做成冷糕⋯⋯⋯109

湿润的海绵蛋糕⋯⋯⋯110

工具表⋯⋯⋯110

- -

本书的计量单位规范

法式冻派和慕斯均使用容积刚好为600毫升的模具进行制作。

计量单位：1汤匙为15毫升，1茶匙为5毫升，1杯为200毫升。汤匙和茶匙的每匙都要盛装平满。

鸡蛋使用M号（约60克）。

烤箱的加热温、加热时间和完成时间根据机型不同有所差异。以书中标记的时间作为参考，根据实际使用的烤箱进行适当调整。

- -

Part 1

尝试用身边的
模具来制作美味吧

法式冻派&慕斯的基础知识

什么是法式冻派？
在此对本书中的法式冻派和慕斯进行说明。

法式冻派：用模具蒸烤至凝固的料理

原义为用带盖的容器蒸烤食物，也指用此容器蒸烤凝固的料理。本书所介绍的法式冻派除了用带盖的蒸烤容器凝固制作之外，也可以使用磅蛋糕模具或其他容器进行凝固。

轻松制作法式冻派！

专业法式冻派中会使用猪的内脏、脂肪和横膈膜，本书向你介绍的食谱所使用的材料更普遍，更容易获得，而且操作简单。

慕斯：细腻的泡沫打造出松软的甜品

慕斯是指将植物鲜奶油和蛋白打发成泡沫，制作而成的口感松软的点心。本书中除了这种传统口感的慕斯之外，把用磅蛋糕模具或其他容器凝固的甜品也叫作慕斯。

轻松制作慕斯！

慕斯的做法有很多种，传统的方法是使用明胶让材料凝固，然后混合蛋白。本书中除了此种做法之外，还将介绍加入琼脂等冷却即可的简单食谱。

基础法式冻派

首先向你介绍传统的法式冻派。
准备好材料，放入模具中进行烘焙。

法式乡村冻派

大冻派制作

小冻派制作

手撕猪肉，虽然外形不够整齐，但会有意想不到的口感

法式乡村冻派

●关于保存时间，请参照P20。

◎**材料**（可以装满一个容积为600毫升的模具）

猪五花肉——320克	荷兰芹——1根
猪肝——130克	香叶——1片
猪背脂肪——80克	白兰地——3汤匙
鸡蛋——1个	盐——1＋1/3茶匙
洋葱——1/2个	胡椒粉——1/3茶匙

●准备

将烤箱预热至170℃。

准备模具

根据模具的尺寸，将烘焙油纸剪裁成模具衬纸，大小要刚好放入模具中，不要有多余的部分露出。

将衬纸铺入模具中。

使用小模具烘焙的时候比较容易取出，用指尖蘸上油，涂抹在模具内侧即可。

●做法

1. 切割

用刀将猪五花肉、猪肝和猪背脂肪切成6~7毫米见方的粒，用于制作馅料。将洋葱、荷兰芹和香叶分别洗净，切碎。

2. 混合

在盆中放入步骤1的材料，加入盐、胡椒粉和白兰地，将所有材料充分混合为肉馅。

3. 腌制

肉馅盆覆盖保鲜膜，放入冰箱冷藏1个小时以上，使之入味。

4. 混合

在肉馅中加入鸡蛋，充分搅拌均匀。

5. 装模

将肉馅装入模具中，压实。

制作大冻派

制作小冻派

6. 修整表面

将表面弄平整。

※如果肉馅有剩余，可用铝箔包好一起烘烤。为防止肉汁流出，要将开口朝上。

7. 罩上铝箔

如果肉馅满满地装到模具边缘，为防止粘到铝箔上，可先盖上烘焙油纸，再罩上铝箔盖。

8. 烘焙

西点盘中铺上毛巾，倒入70~80℃的热水，至八分满。将装满肉馅的模具放入水中，放入预热至170℃的烤箱中烘焙50~60分钟。

制作大冻派

制作小冻派

使用大模具时

　　如果你准备的模具很大，按照本书中的材料分量无法装满模具时，可以在模具中放入耐热杯等填满剩余的空间。如果材料是肉以外的素食，由于分量轻会漂浮，所以要在模具中放上瓶子之类的重物压一下。如果是柔软的冻派，要注意脱模的时候不要破坏形状。

● 烘焙好后

用竹签扎一下，没有红色的肉汁流出即可。

放入冰水中，散去余热。

制作一个重一点的盖子。将厚纸壳剪成和模具口一样大小的尺寸，外面包上铝箔。

将用于压重的盖子放在模具口上，盖子上面再放上装有水的矿泉水瓶。如果使用小模具，可以用小石块等重压。待冻派完全放凉之后，撤掉重物，放入冰箱冷藏。

基础慕斯

用草莓和植物鲜奶油制作的简单慕斯。
请冷却至冰凉之后食用。

草莓慕斯

制作大慕斯

制作小慕斯

新鲜草莓的香甜让人回味无穷，禁不住想要立即吃第二口

草莓慕斯

请于
当天吃完

●关于保存时间，请参照P20。

◎ **材料**（可以装满一个容积为600毫升的模具）

草莓——200克

植物鲜奶油——150克

板状明胶——4.5克（3片）

细砂糖——30克

柠檬汁——1茶匙

樱桃白兰地（樱桃酒）——1茶匙

海绵蛋糕（市售品）——适量

●如果想要自制海绵蛋糕，可以参照P110的方法制作。海绵部分，使用普通蛋糕和奶油蛋卷均可。使用时切成1厘米厚的片。

● **准备**

将板状明胶浸泡到冰水中，泡发至柔软。将海绵蛋糕切割成和模具口同样大小的尺寸。

准备模具。

在模具底部铺上大小合适的烘焙油纸。

● **做法**

1. 捣碎

将草莓洗净，去蒂，放入大一点的盆中用叉子捣碎。如果有搅拌机，也可以打成泥状。

2. 溶化砂糖

在小锅中放入1/3分量的草莓和细砂糖，点火，用打蛋器搅拌，砂糖溶化后关火。

3. 加入明胶

攥干板状明胶的水分，放入步骤2的小锅中，使之溶化。

4. 放凉

将步骤3的草莓酱加入剩余的草莓泥中，添加柠檬汁和樱桃白兰地，放入冰水中不断搅拌降温，使之黏稠。

5. 打发

打发植物鲜奶油。打发至能够留下打蛋器痕迹的硬度（六分硬）。

6. 混合

将少量打发的奶油加入步骤4的混合草莓酱中，充分搅匀。

7. 轻轻搅拌

将步骤6的奶油草莓酱加入剩余的奶油中，用橡皮刮刀轻轻搅拌至所有材料混合均匀。

8. 装模

将材料倒入模具中。

制作大慕斯　　　　　　　　制作小慕斯

9. 冷却凝固

将海绵蛋糕盖在模具上，盖上保鲜膜，放入冰箱冷藏，使之凝固。

制作大慕斯　　　　　　　　制作小慕斯

●完成后

如果使用的是磅蛋糕模具，可以用小抹刀脱模；要是小模具的话，可以插入竹签进行脱模。如果没有小抹刀，也可以用修刀等代替。使用薄刃、没有锯齿的刀可以取出形状完美的慕斯。

创意模具

本书中的食谱全部使用最基本的磅蛋糕模具（容积为600毫升，底边长15.5厘米、宽6厘米、高6厘米）进行制作，模具的形状和尺寸多种多样。也可以使用手头现有的模具，或者自制中意的模具。

因为要进行隔水加热，所以请选择密闭性好、不会进水的模具。

法式冻派的模具既有传统的设计，也有可爱的造型，挑选模具本身也是一种乐趣。

你的模具容积是多少毫升？

测量手头现有模具的容积时，使用量杯会比较方便。倒满模具中的水量也就是模具的容积。

A: 底面长15.5厘米、宽6厘米、高6厘米 >> P10，P14，P24，P29，P32，P36，P38，P39，P40，P44，P46，P50，P58，P61，P64，P66，P68，P76，P78，P83，P90，P92，P96，P98，P100，P102，P104，P105

B: 底面长10厘米、宽4.5厘米、高5厘米 >> P62

C: 底面长8厘米、宽3厘米、高4厘米 >> P82

D: 上径7厘米、高5.5厘米 >> P15，P54，P86

E: 直径7厘米、高5厘米 >> P11

F: 底面长17厘米、宽6.5厘米、高6厘米 >> P42

G: 底面长18厘米、宽8厘米、高6厘米 >> P30

H：底面长11.5厘米、宽6.5厘米、高7厘米 >> P56

I ：底面长11.5厘米、宽6.5厘米、高7厘米 >> P34

J ：底面长12厘米、宽6.5厘米、高4.5厘米 >> P28

K：底面长12厘米、宽6.5厘米、高4.5厘米 >> P84

L：底面直径11厘米、高5.5厘米 >> P52

M：底面长12厘米、宽7厘米、高5厘米 >> P60

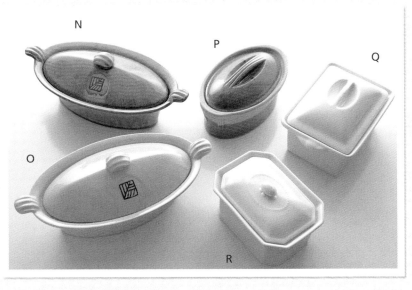

N：底面长径18.5厘米、短径7.5厘米、高6.5厘米 >> P80

O：底面长径18.5厘米、短径7.5厘米、高6.5厘米 >> P22

P：底面长径16厘米、短径8.5厘米、高5.5厘米 >> P8

Q：底面长14厘米、宽8.5厘米、高6.5厘米 >> P48

R：底面长12厘米、宽8.5厘米、高6厘米 >> P88

美味保存法

怎样保存？可以保存多长时间？
好不容易做好的法式冻派或慕斯，希望能够品尝其最鲜美的味道。
下面向你介绍保存的要点。

冷藏

　　如果是用带盖的冻派模具来制作，可以盖上盖连模具一起冷藏保存。如果使用其他模具，可以脱模后用保鲜膜包好，冷藏保存。如果是柔软的法式冻派或慕斯，可以不脱模，用铝箔或保鲜膜盖好进行冷藏。

冷冻

　　先一片一片用保鲜膜包好，再全部装入冷冻保鲜袋中，放入冰箱冷冻。解冻时，可采用自然解冻，也可以使用微波炉的"解冻模式"解冻。

关于保存时间

　　本书中的每份食谱都附带标准的保存时间。

冷藏可以保存○天	请于当天吃完	冷冻保存	*terrine & mousse*

冷藏可以保存○天　　　　　　请于当天吃完　　　　　　冷冻保存

20
Part 1

Part 2

简单!
法式冻派

肉类法式冻派

使用肉类制作的法式冻派存在感强，好似餐桌上的主角。
肉的美味被紧紧锁在了冻派中。

苹果、肉桂和猪肉的组合，可以作为主菜

里脊肉苹果沙司

冷藏可以保存
2~3天

在大蒜、洋葱和苹果中加入细砂糖翻炒。

在模具中均匀地铺好培根片，上面交替铺上馅料和板状明胶。

关于明胶
本书使用板状明胶凝固菜品，可以将其直接放入菜品中，比明胶粉更易操作。需要泡发使用的时候，要充分攥干水分。

◎ **材料**（可以装满一个容量为600毫升的模具）

猪里脊肉——300克
洋葱末——1/3个量
苹果——2个
蒜末——1瓣量
培根——6~8片
橄榄油——1汤匙
盐——1茶匙
胡椒——适量
细砂糖——1汤匙
白葡萄酒——100毫升
水——50毫升
固体浓汤——1块
白兰地——1汤匙
板状明胶——6克（4片）
肉桂——适量
植物鲜奶油——适量

● **准备**

• 将烤箱预热至170℃。
• 在模具中铺上衬纸。

● **做法**

1. 猪里脊肉纵向切成4~5等份，拌入盐、胡椒、白葡萄酒、橄榄油；苹果切成8等份的瓣。

2. 在平底锅中倒入适量橄榄油（材料用量外）烧热，放入洋葱末、蒜末和苹果，加入细砂糖翻炒。苹果表面上色后，加入白兰地、水和固体浓汤，煮至苹果柔软。

3. 在模具中铺好几层培根，剩余2~3片培根切成模具口的大小，覆盖在模具上部。

4. 将步骤1和步骤2的馅料和板状明胶交替装入模具，撒上肉桂，铺满后，将步骤2的汁液倒入，将露在模具外面的培根折叠进去。

5. 用铝箔作盖子盖在模具上，坐入热水中，放入预热至170℃的烤箱中烘焙40~50分钟，肉汁变透明即可。

6. 放入冰水中压重物放凉，冷藏定型。切片，添加七分发的植物鲜奶油，撒上肉桂。

事先将鸡肝处理一下，操作的时候会很省事。最适合作为家庭聚餐的简单礼品

冷藏可以保存
1周

鸡肝冻派

◎ **材料**（可以装满一个容积为
600毫升的模具）

鸡肝——500克
洋葱——1/4个
荷兰芹——1根
香叶——1片
黄油（无盐）——100克
盐——1＋1/3茶匙
白兰地——2汤匙

● **准备**

•将鸡肝去除脂肪和血管，
切成合适的大小，用冷水浸
泡。多次换水，洗净血污。
•在模具中铺好衬纸。
•将烤箱预热至170℃。

● **做法**

1. 将洋葱、荷兰芹和香叶
切成碎末。
2. 在平底锅中放入黄油烧
化，加入洋葱和鸡肝翻炒，
鸡肝变色后加入白兰地清炒
一下。
3. 在食物处理机中加入步
骤2的洋葱和鸡肝，以及荷
兰芹、香叶的碎末，加盐搅
拌成糊状。根据个人喜好把
握材料的粗细程度。
4. 将步骤3处理好的原料倒
入模具中，用橡皮刮刀将表
面弄平整，盖上铝箔，坐入
热水中，放入170℃的烤箱
中烘焙40～50分钟。
5. 放入冰水中散去余热，
压上重物放凉。
6. 完全凉透之后放入冰箱
冷藏一晚，使之定型。

将鸡肝去除脂肪后，轻轻揉捏出
血管并摘掉。

加入白兰地可以遮盖鸡肝的腥
气，提升鲜味。

洋橄榄和番茄干是重点。无须模具、一层层卷起制成的圆形法式冻派

冷藏可以保存
3~4天

意式鸡肉冻派卷

◎ 材料（可以装满一个容积为600毫升的模具）

鸡胸肉——1片（250克）
鸡肉馅（鸡腿肉）——120克
洋葱——1/5个
番茄干——10克
黑橄榄（盐渍）——5~7粒
鸡蛋——1/2个
橄榄油——1茶匙
盐——1/3茶匙
罗勒（生）——4~5片

● 准备

• 将烤箱预热至170℃。

● 做法

1. 将洋葱切碎，番茄干和黑橄榄切小块。

2. 将鸡胸肉去掉皮，用刀从中间向两侧劈开，两面均涂抹上盐和胡椒粉（材料用量外）。

3. 在盆中放入鸡肉馅和盐，搅拌，有黏度后加入鸡蛋和步骤1处理好的原料，充分混合均匀。

4. 将腌好的鸡胸肉切面朝上放在烘焙油纸上，内侧涂抹橄榄油，摆上罗勒，盛上步骤3处理好的馅料，注意两端留些空间。

5. 提起烘焙油纸，卷起步骤4的材料，让鸡肉两端重合。

6. 仔细卷好烘焙油纸，将鸡肉的接口朝下，像拧糖纸一样将烘焙油纸的两端拧紧。

7. 将两张铝箔重叠在一起，紧紧卷住步骤6的烘焙油纸包，将两端的闭口向上提。

8. 坐入热水盆中，连盆放入预热至170℃的烤箱中烘焙30~40分钟，用手触碰一下，成为紧实的固体即可。

9. 放凉后切片。

鸡胸肉切开之后，最好用刀拍一下，使肉质松散。

在鸡胸肉上铺好馅料，提起烘焙油纸卷起，让鸡肉两端重叠。

像拧糖纸一样将烘焙油纸的两端拧紧。

和式风味的湿润口感，莲藕的切面形状很可爱

松风冻派

◎ **材料**（可以装满一个容积为
600毫升的模具）

鸡肉馅（鸡腿肉）——300克
莲藕——约200克（粗细要
能放入模具中）
鸡蛋——1个

A
深色黄酱——35克
浅色黄酱——25克
甜酒——1.5汤匙
上白糖——2.5汤匙

淀粉——1.5汤匙
芝麻——1茶匙
蛋黄——1个
甜酒——1汤匙

◉ **准备**

• 在模具中铺好衬纸。
• 将烤箱预热至170℃。

● **做法**

1. 将50克莲藕捣碎，剩余
部分切成符合模具长宽的大
小，去皮，用水焯一下。
2. 将材料A充分混合。
3. 在盆中放入鸡肉馅和混
合后的材料A，搅拌均匀，
有黏性后加入鸡蛋混合，再
加入捣碎的莲藕和淀粉，充
分混合。
4. 擦干莲藕的水分，放入
模具中，将步骤3准备的原
料塞入莲藕的孔洞中，放入

模具内，将剩余材料填入模
具的空隙中。
5. 将蛋黄和甜酒混合，用
刷子涂抹在莲藕表面，撒上
芝麻，放入预热至170℃的
烤箱中烘焙35~45分钟，用
竹签扎一下不会流出红色肉
汁即可。放凉后切片。

牛肉和红薯是非常相配的组合、用酱油和甜酒调味后、你一定会爱不释口

冷藏可以保存
3~4天

牛肉红薯冻派

◎ **材料**（可以装满一个容积为
600毫升的模具）

薄牛肉片——300克
红薯——1根
蒜——1/2瓣
鸡蛋——1个
酱油——1.5汤匙
甜酒——1.5汤匙
胡椒粉——适量

● **准备**

• 在模具中铺好衬纸。

• 将烤箱预热至170℃。

● **做法**

1. 将红薯带皮蒸熟。

2. 牛肉切碎，蒜捣碎。

3. 在盆中放入切碎的牛肉、
酱油、甜酒、胡椒粉，搅
拌，加入鸡蛋，充分混合。

4. 将红薯皮整个剥掉，切
成方形，再切成两半，将外
皮朝里，平整的内皮部分贴
合在模具侧面。

5. 在模具的内侧倒入一部分
步骤3准备的牛肉馅料，中
央放入长方体红薯，再倒入
剩余的步骤3的填料填满模
具，将表面弄平。

6. 将铝箔盖在模具上，坐入
热水中，放入预热至170℃的
烤箱中烘焙40~50分钟，用手

按一下有弹性，用竹签扎一下
不会流出红色肉汁即可。

7. 放入冰水中散去余热，
压上重物放凉。

8. 完全凉透之后放入冰箱
冷藏使之定型。

9. 切片，温度回暖适中后
食用。

放入了足量的坚果、是适合秋季食用的法式冻派、还使用了美味的培根

坚果肉馅冻派

◎ **材料**（可以装满一个容积为
600毫升的模具）

猪牛肉的混合肉馅——300克

洋葱——1/4个

香菇——4个

面包粉——1/2杯

牛奶——50毫升

鸡蛋——1个

黄油（无盐）——10克

盐——2/3茶匙

胡椒粉——适量

英国辣酱油——1汤匙

糖水煮栗子——5个

个人喜好的坚果——40克

银杏（煮过）——8个

培根——6～8片

● **准备**

＊将烤箱预热至170℃。

● **做法**

1. 将洋葱、香菇切碎。

2. 在平底锅中放入黄油，熬化，将切好的洋葱、香菇和坚果翻炒一下，加盐和胡椒粉调味。

3. 在盆中放入猪牛肉的混合肉馅、盐和胡椒粉，加入英国辣酱油，搅拌，有黏性后加入面包粉、牛奶和鸡蛋，充分混合。再加入步骤2的材料，混合。

4. 在步骤3中加入糖水煮栗子和银杏，混合。

5. 在模具中一层层铺上培根。剩余2～3片切成模具口大小铺在最上面。

6. 用步骤4的材料填满模具的空隙，上面盖上剩余的培根。

7. 将铝箔盖在模具上，坐入热水中，放入预热至170℃的烤箱中烘焙45～55分钟。用手按一下有弹性即可。

8. 放入冰水中散去余热，压上重物放凉。

9. 完全凉透之后放入冰箱冷藏使之定型。

10. 切片，温度回暖适中后食用。可根据个人喜好，添加芥末粒（材料用量外）。

咖喱肉馅冻派

◎ **材料**（可以装满一个容积为600毫升的模具）

牛肉馅——300克
洋葱——1/4个
红辣椒——1~2个
煮鸡蛋——2.5个
面包粉——1/2杯
番茄果汁——50毫升

A
┌ 盐——1茶匙
│ 胡椒粉——适量
│ 咖喱粉——1.5汤匙
└ 番茄酱——3汤匙

淀粉——适量

● **准备**

• 在模具中铺好衬纸。
• 将烤箱预热至170℃。

● **做法**

1. 将洋葱切碎；红辣椒纵向切成4等份，去子，沸水焯一下，放凉。

2. 在模具底部和侧面铺上红辣椒，内侧撒上淀粉。

3. 在盆中放入牛肉馅和调味料A，搅拌，有黏性后加入面包粉、番茄果汁，混合，再加入洋葱，充分混合均匀。

4. 在步骤2的模具中加入半份步骤3的材料，中间放入煮鸡蛋，再装入剩余的步骤3的材料。

5. 将铝箔盖在模具上，坐入热水中，放入预热至170℃的烤箱中烘焙40~50分钟，用手按一下有弹性，用竹签扎一下不会流出红色肉汁即可。

6. 放入冰水中散去余热，压上重物放凉。

7. 完全凉透之后放入冰箱冷藏使之定型。

8. 切片，温度回暖适中后食用。

凝结了浓汤美味的绝品，很适合作为简单的小礼物

浓汤冻派

冷藏可以保存
2~3天

◎ **材料**（可以装满一个容积为600毫升的模具）

牛腿肉——300克
洋葱——1/2个
胡萝卜——1根
水——800毫升
盐——1茶匙
胡椒粉——1/3茶匙
香叶——1片
板状明胶——9克（6片）

◉ **准备**

• 将牛腿肉切成5厘米的方块，拌入盐和胡椒粉，放入冰箱冷藏1个小时。
• 在模具中铺好衬纸。
• 做好浓汤之后，将板状明胶放入冰水中泡软。

● **做法**

1. 洋葱纵向切成6等份；胡萝卜切成两半，再纵向切成4等份。

2. 将牛腿肉洗一下切块，在锅中放入水和洋葱，开大火。

3. 煮开之后，撇去血沫，放入香叶，转为小火。

4. 煮30分钟左右加入胡萝卜，如果水分减少，可以适当添加，煮2小时，用竹签扎一下可以穿透肉即可。

5. 在步骤4中取出原料和适量浓汤，总量为600毫升（去掉香叶），将板状明胶的水分攥干后趁热加入汤中，使之溶解。

6. 在模具中均匀地摆放步骤5的原料，再添加适量浓汤。

7. 放入冰水中散去余热，完全凉透之后放入冰箱冷藏使之定型。

8. 切片，温度回暖适中后食用。根据个人喜好，添加适量粗盐和黑胡椒粉粒（材料用量外）。

在牛腿肉中加入盐和黑胡椒粉，用手抓匀，腌渍入味。

想象切开后截面的样子，将胡萝卜放置在合适的位置。

鱼贝类法式冻派

鱼贝类法式冻派，散发着一种优雅高贵的感觉。
既可以作为开胃菜，也可以当作葡萄酒或香槟的下酒菜。

只需要将所有材料放入食品处理机中即可制作出简单的法式冻派

鲑鱼冻派

可以冷冻
保存

将材料放入食品处理机中。

尽量将材料弄平整之后再摆放
豇豆，这样切分的时候会整齐
美观。

◎ **材料**（可以装满一个容积为600毫升的模具）

鲜鲑鱼——50克（去皮）
鸡蛋——1个
植物鲜奶油——200毫升
奶油奶酪——60克
豇豆——5根
盐——1/2茶匙
胡椒粉——适量

● **准备**

• 在模具中铺好衬纸。
• 将烤箱预热至150℃。

● **做法**

1. 将豇豆用盐水煮软。

2. 将鲑鱼、奶油奶酪、盐和胡椒粉放入食品调理机中搅拌成糊状。

3. 加入鸡蛋和植物鲜奶油，继续混合均匀。

4. 将步骤3处理好的原料倒入模具中，装满一半，上面覆盖豇豆，再倒入剩余的步骤3处理好的原料，将表面弄平整。

5. 将铝箔盖在模具上，坐入热水中，放入预热至150℃的烤箱中烘焙30～40分钟，用竹签扎一下，没有黏液粘连即可。

6. 取出后放入冰水中散去余热，略微压上一点重物，放凉。

7. 完全凉透之后放入冰箱冷藏使之定型。

一片就有足够的分量，秘诀是塞满了土豆泥

土豆沙丁鱼冻派

◎ **材料**（可以装满一个容积为600毫升的模具）

沙丁鱼——6条（净重300克）
土豆——400克
培根——6~8片
橄榄油——适量
盐、胡椒粉——各适量
白葡萄酒醋——1汤匙
荷兰芹（切碎）——适量

◎ **准备**

• 将烤箱预热至170℃。
• 将沙丁鱼处理干净，加入盐和胡椒粉腌制10分钟。

● **做法**

1. 在平底锅中倒入橄榄油，烧热，放入沙丁鱼，先从皮煎起，翻面后，淋上白葡萄酒醋，煎熟后取出。

2. 将土豆带皮煮，变软后剥皮，趁热轻轻捣碎，放入盐和胡椒粉搅匀。

3. 在模具中一层层铺上培根，剩余2~3片切成模具口大小，最后可以铺在材料上面。

4. 在步骤3的培根上一层层交替摆放土豆泥和沙丁鱼，填满模具，覆盖上培根。

5. 将铝箔盖在模具上，坐入

热水中，放入预热至170℃的烤箱中烘焙30~40分钟。

6. 放入冰水中散去余热，压上重物，放凉。

7. 切片，撒上荷兰芹碎末，淋橄榄油。

法式蒸牡蛎冻派

◎ **材料**（可以装满一个容积为600毫升的模具）

牡蛎——5~6个
面粉——适量
洋葱——1/4个
培根——2片
鸡蛋——3个
黄油（无盐）——10克
盐——1/3茶匙
胡椒粉——适量
淀粉——适量

◉ **准备**

• 在模具内涂抹黄油（材料用量之外），底部铺衬纸。
• 将烤箱预热至170℃。

● **做法**

1. 将牡蛎放入盆中，加入淀粉，轻轻地揉在牡蛎上吸收掉水分，去除水分后，裹上面粉；将洋葱切碎；培根切成宽1厘米的片。

2. 在平底锅中放入无盐黄油，烧化，将步骤1处理好的牡蛎两面煎，煎熟后取出；在同一个平底锅中放入培根烧热，加入洋葱末，翻炒至熟软。

3. 将鸡蛋打散在盆中，加入盐和胡椒粉充分混合，再加入步骤2的材料中混合，倒入模具中，将铝箔盖在模具上，放入热水中，放入预热至170℃的烤箱中烘焙50~60分钟。

4. 坐入冰水中散热，凉透之后放入冰箱冷藏定型切片。

将柔软的菜饭制作成法式冻派。干贝和奶酪混合出一股柔美的味道

干贝菜饭冻派

◎ **材料**（可以装满一个容积为
600毫升的模具）

干贝——3～5个

大米——100克

洋葱——1/4个

蚕豆——10个

固体浓汤——1个

水——400毫升

帕尔马奶酪（粉）——1/4杯

橄榄油——1汤匙

盐——适量

胡椒粉——适量

板状明胶——6克（4片）

● **准备**

•将板状明胶放入冰水中泡
至柔软。

•在模具中铺好衬纸。

•在锅中放入水和固体浓
汤，烧热使之溶化，做成清
汤备用。

•淘洗大米，用笊篱捞出。

● **做法**

1. 将洋葱切碎；蚕豆剥掉
薄皮；将清汤加热。

2. 在锅中放入橄榄油，烧
热，倒入洋葱翻炒。

3. 洋葱变软之后加大米，
拌匀后，加入热汤，没过材
料即可，小火炖。

4. 时时搅拌，看到米粒露
出后再次加汤没过材料，重
复加3次直到米煮软，将板
状明胶攥干水分放入汤中，
使之溶化。

5. 加入蚕豆和干贝，蚕豆
熟透后加入帕尔马奶酪，充
分混合，再加入盐和胡椒粉
调味。取出干贝。

6. 将步骤5的原料装至模具
的一半高，摆放干贝，用剩
余的原料填满空隙。

7. 放入冰水中散去余热，
冷却后盖上保鲜膜，放入冰
箱冷藏使之凝固。

8. 切片，温度回暖适中后食
用。根据个人喜好，撒上黑
胡椒粉粒（材料用量外）。

倒入热汤没过材料。注意不要让
热汤溅出，烫伤皮肤。

在菜饭的正中央摆放干贝。

鲷鱼中饱含着蛤子的汤汁，是一款适合夏季食用的法式冻派

鲷鱼蟹羹冻派

◎ **材料**（可以装满一个容积为
600毫升的模具）

生鲷鱼肉——2~3片（净重
约280克）

蛤子——200克

芹菜——1/2根

胡萝卜——1/3根

白葡萄酒——100毫升

藏红花——一小撮

水——200毫升

盐——适量

胡椒粉——适量

板状明胶——9克（6片）

橄榄油——1/2汤匙

莳萝——适量

● **准备**

•将蛤子泡入盐水中，仔细
清洗掉泥沙。

•将鲷鱼去刺，撒上盐和胡
椒粉腌制10分钟。

•将藏红花泡入200毫升水中。

•将板状明胶放入冰水中浸泡
至软。

•在模具内侧铺上保鲜膜。

● **做法**

1. 将芹菜和胡萝卜切成小
丁；在平底锅中放入橄榄油
加热，放入鲷鱼片，先煎鱼
皮一侧，再煎里侧，煎熟后
取出。

2. 在同一平底锅中放入芹
菜、胡萝卜炒软，之后连汤
带水加入蛤子、白葡萄酒和
藏红花，盖上盖，大火炖。

3. 当蛤子的外壳打开2~3
分钟后关火，取出蛤子，加
入盐和胡椒粉调味，将板状
明胶攥干水分放入汤中，使
之溶化。

4. 将鲷鱼重叠摆放在模具
中，倒入步骤3的原料。

5. 放凉之后，放入冰箱冷
藏使之凝固。

6. 食用之前，装饰上莳萝。

将鲷鱼的刺仔细摘除。

在鲷鱼上方倒入汤汁。

金枪鱼夹心冻派

◎ 材料（可以装满一个容积为 600毫升的模具）

金枪鱼罐头——240克
洋葱——1/4个
黄瓜——1.5根
素面包（三明治用）—1~2片
奶酪片——2片
植物鲜奶油——150毫升
蛋黄酱——3汤匙
盐——1/4茶匙
胡椒粉——适量
板状明胶——6克（4片）

◎ 准备

• 将板状明胶放入冰水中浸泡至软。
• 在模具底部铺上衬纸。

● 做法

1. 将黄瓜纵向切成宽3~4毫米的片，撒上少许盐（材料用量外）腌渍一会儿，去除水分；将洋葱切薄片。

2. 将素面包和奶酪片切成模具口大小，在素面包上放上奶酪片，用烤箱烤一下。

3. 将金枪鱼罐头沥掉汁液，放入食品处理机（如果没有，可以用刀切成碎末）中，加入洋葱、蛋黄酱、盐和胡椒粉混合，充分搅拌成泥状。

4. 将植物鲜奶油用微波炉热一下，将板状明胶攥干水分，加入热奶油中使之溶化，再加入步骤3的原料中混合，坐入冰水中，冷却至黏稠。

5. 在模具底部和侧面铺上黄瓜片，装入步骤4的材料，上面放上步骤2的原料，奶酪面朝下。

6. 放入冰箱冷藏使之定型。

加入了熟悉的鱼肉山芋饼、打造出口感松软的法式冻派

鲜虾鱼肉山芋饼冻派

可以冷冻
保存

冷藏可以保存
1~2天

◎ 材料（可以装满一个容积为 600毫升的模具）

虾肉（净重）——350克
鱼肉山芋饼——110克
黄辣椒——1/4个
植物鲜奶油——70毫升
鸡蛋——1个
白葡萄酒——1汤匙
盐——2/3茶匙
胡椒粉——适量

● 奶酪沙司

- 奶油奶酪——40克
- 植物鲜奶油——100毫升
- 盐——适量
- 胡椒粉——适量

● 准备

- 在模具中铺好衬纸。
- 将烤箱预热至160℃。

● 做法

1. 制作奶酪沙司：在小锅中放入植物鲜奶油和奶油奶酪，点火，搅拌使之熬化，加入盐和胡椒粉调味。

2. 将辣椒切成小块。

3. 在食物调理机中放入虾肉、鱼肉山芋饼、白葡萄酒、盐和胡椒粉，混合搅拌，再加入植物鲜奶油和鸡蛋，继续混合，加入切好的辣椒块，充分搅拌。

4. 将步骤3准备好的原料装入模具中，盖上铝箔。

5. 坐入热水中，放入预热至160℃的烤箱中烘焙30～40分钟，用手指按一下，有弹力，插入竹签，不会粘连材料即可。

6. 放入冰水中散去余热，完全放凉后放入冰箱冷藏使之凝固，切片，淋上奶酪沙司即可。

蔬菜冻派

利用一年四季中的时令蔬菜制作健康冻派。
有效搭配蔬菜的颜色和形状，可以让菜品更加赏心悦目。

将足量的夏季蔬菜搭配在一起使之凝固

夏季蔬菜冻派

冷藏可以保存
1~2天

将蔬菜翻炒一下，变软之后加入水和固体浓汤焖煮。

将蔬菜摆放在模具中，要考虑颜色搭配。

◎ **材料**（可以装满一个容积为600毫升的模具）

圆白菜——3~4片
茄子——2根
辣椒（黄色）——1个
小黄瓜——1根
洋葱——1/2个
小番茄——10个
蒜——1瓣
培根——50克
橄榄油——1汤匙
固体浓汤——1个
水——100毫升
盐——适量
胡椒粉——适量
板状明胶——9克（6片）

● **准备**

•将板状明胶用冰水泡软。
•在模具内侧铺上保鲜膜，上面留出一些，用于覆盖。

● **做法**

1.将圆白菜煮一下，捞出后用烘焙油纸吸干水分。

2.将茄子和日本小黄瓜纵向切成4~6等份，用水氽一下；洋葱切成半月形的片，再从中间切成2等份；辣椒去子，纵向切成8等份；小番茄去蒂；蒜切成末；培根切成小块。

3.在大平底锅中倒入橄榄油，放入步骤2的蔬菜翻炒；蔬菜变软之后加入水和固体浓汤，盖上盖焖煮。

4.茄子和小黄瓜变软之后，加入攥干水分的板状明胶，煮一会儿后，加入盐和胡椒粉调味，将所有材料充分混合，散去余热，作馅料。

5.在模具中铺入圆白菜，然后填满步骤4准备的馅料，倒入汤，要没过馅料，反复操作，直到装满整个模具。

6.用圆白菜包住馅料，上面盖上保鲜膜，压上重物，放入冰箱冷藏使之定型。

7.切片摆放在容器中，根据个人喜好撒上黑胡椒粉粒（材料用量外）。

好似甜品一样，请选择味道甘甜浓醇的番茄

蜂蜜番茄冻派

冷藏可以保存
1~2天

◎ 材料（可以装满一个容积为600毫升的模具）

番茄——800克
蜂蜜——1.5汤匙
柠檬汁——1.5汤匙
盐——1/4茶匙
胡椒粉——适量
薄荷叶——15片
板状明胶——10.5克（7片）
橄榄油——适量
薄荷叶（装饰用）——适量

● 准备

• 将板状明胶放入冰水中浸泡至软。
• 在模具下面铺好衬纸。

● 做法

1. 用热水把番茄的皮烫掉，切成大块，去子；薄荷叶用手撕成小片。

2. 将番茄块放入盆中，加入盐、胡椒粉、蜂蜜和柠檬汁，混合，放入冰箱冷藏2小时，反复取出搅拌，直到渗出水分。

3. 将步骤2番茄中渗出的水分取出100毫升左右，用微波炉加热，放入攥干水分的板状明胶，使之溶化。

4. 将步骤3的材料加入步骤2的材料中，所有材料充分混合，加入薄荷叶。

5. 将步骤4混合好的材料倒入模具中。

6. 盖上保鲜膜，放入冰箱冷藏使之定型。

7. 切片后淋上橄榄油，装饰薄荷叶。

50
Part 2

玉米冻派

冷藏可以保存
1~2天

◎ **材料**（可以装满一个容积为600毫升的模具）

玉米——1.5根
洋葱——1/5个
水——260毫升
植物鲜奶油——100毫升
固体浓汤——1/2个
板状明胶——7.5克（4片）
盐——1/3茶匙
胡椒粉——适量
橄榄油——1/2汤匙
咖喱粉——适量

• **咖喱卤汁**

玉米——1/2根
洋葱（切碎）——2汤匙
盐——适量
胡椒粉——适量
咖喱粉——2/3茶匙
橄榄油——1/2汤匙

◎ **准备**

• 将板状明胶用冰水泡软。

● **做法**

1. 用刀刮下玉米粒，洋葱切成薄片。

2. 制作咖喱卤汁：将玉米粒用微波炉加热一下，拌入切碎的洋葱，加入咖喱粉、盐和胡椒粉调味，淋上橄榄油，充分搅拌。

3. 在锅中放入橄榄油，烧热，翻炒玉米粒和洋葱片，洋葱炒透之后，加入水和固体浓汤，煮开。

4. 玉米粒变软之后，加入盐和胡椒粉调味，余热散去之后放入食物调理机中搅拌成糊状，用过滤器过滤。

5. 将植物鲜奶油放入微波炉加热，之后加入攥干水分的板状明胶，再加入步骤4的材料中，混合。

6. 在模具中放入咖喱卤汁，倒入步骤5的材料。

7. 盖上保鲜膜，放入冰箱冷藏使之凝固，在表面撒上咖喱粉。

充分利用蘑菇的鲜美。辛辣的黑胡椒粉是重点

蘑菇冻派

冷藏可以保存
1~2天

◎ **材料**（可以装满一个容积为600毫升的模具）

蘑菇——160克
洋葱——1/5个
水——100毫升
牛奶——50毫升
植物鲜奶油——150毫升
固体浓汤——1/2个
黄油（无盐）——10克
盐——1/3茶匙
黑胡椒粉粒——适量
植物鲜奶油——适量
香叶芹*——适量
板状明胶——7.5克（5片）

＊香叶芹
芹科香辛植物，拥有高雅的甜香。

● **准备**

•将板状明胶用冰水泡软。
•在模具下面铺好衬纸。

● **做法**

1.挑选出5～6个外形漂亮的蘑菇煮熟，其余切成4等份；洋葱切碎。

2.在锅中放入黄油，熬化，将切好后的蘑菇和洋葱碎翻炒一下。

3.蘑菇变软之后加入水和牛奶以及固体浓汤，煮2～3分钟，加入盐调味，最后加入攥干水分的板状明胶，使之溶化。

4.余热散去之后，将除了挑选出的蘑菇之外的所有材料放入食物处理机，打成糊状后，倒入盆中坐在冰水里，搅拌使其冷却至黏稠。

5.同时打发植物鲜奶油，用打蛋器打发至能够留下纹路（六七分硬）即可。

6.将少量打发的奶油加入步骤4的材料中充分混合后，再加入剩余量大的奶油中，用橡皮刮刀将所有材料轻轻混合均匀。

7.将步骤6的部分材料倒入模具中，倒至一半高，将挑选出的整蘑菇的头部朝下摆放，再倒入剩余的材料。

8.盖上保鲜膜，放入冰箱冷藏使之凝固。食用时添加植物鲜奶油、黑胡椒粉粒以及香叶芹。

将蘑菇和洋葱炒软。

将蘑菇的头部朝下摆放。

口味丰富的黑麦面包，浸入蛋液，能做出更诱人的美味

竹笋法式咸冻派

◎ **材料**（可以装满一个容积为600毫升的模具）

竹笋（水煮）——120克
洋葱——1/5个
奶油奶酪——60克
全麦面包——5~6片
鸡蛋——3个
植物鲜奶油——220克
黄油（无盐）——10克
盐——1/2茶匙
黑胡椒粉——适量

● **准备**

• 在模具内侧涂抹黄油（材料用量外），铺上衬纸。
• 将烤箱预热至170℃。

● **做法**

1. 将竹笋切成5毫米厚的薄片，洋葱切碎。
2. 在模具底部和侧面铺入全麦面包，可比模具高出一些。
3. 在底层面包上涂抹厚厚的奶油奶酪。
4. 在平底锅中放入黄油，熬化，放入洋葱碎和竹笋片翻炒，撒上盐（材料用量外）和黑胡椒粉。
5. 将鸡蛋打散在盆中，加入植物鲜奶油、盐和黑胡椒粉，充分混合。
6. 在步骤3的模具中放入步骤4的材料，倒入步骤5处理好的材料，放置一会让蛋液渗入到面包中。
7. 无须盖盖，放入预热至170℃的烤箱中烘焙30~40分钟，中间如果防面包烤焦，可以盖上铝箔。用竹签扎一下，没有蛋液流出即可，取出后在模具中放凉。

在模具的底部和侧面，铺上全麦面包。

涂抹上厚厚一层奶油奶酪。即便涂抹不均匀、不够细腻也没关系。

为了让面包变得柔软，要放置一会，使蛋液充分渗入面包中。

用散发着薄荷和柠檬清香的麦粒番茄生菜沙拉制作的法式冻派

库斯沙拉冻派

◎ **材料**（可以装满一个容积为600毫升的模具）

粗米粉＊——1杯
紫皮洋葱——1/4个
黄瓜——1/2根
番茄——1个
薄荷叶——15片
水——220毫升
柠檬汁——40毫升
橄榄油——2汤匙
盐——1茶匙
黑胡椒粉——适量
板状明胶——6克（4片）
柠檬——适量

※**粗米粉**
使用从北非传到中东的面粉（硬质小麦）制作的一种面食。

◎ **准备**

• 将板状明胶用冰水泡软。
• 在模具中铺好衬纸。

● **做法**

1. 将紫皮洋葱、黄瓜和去子的番茄均切成小块；薄荷叶撕碎。

2. 在锅中加水，加入少量盐（材料用量外），烧开之后加入攥干水分的板状明胶使之溶化，关火，加入粗米粉，轻轻搅拌之后盖上盖，蒸5分钟使粗米粉柔软。

3. 趁热在步骤2的材料中加入盐、黑胡椒粉和柠檬汁，充分混合均匀，加入橄榄油混合。

4. 余热散去之后，加入步骤1的原料，混合。

5. 将步骤4的原料装满模具，盖上保鲜膜，放入冰箱冷藏使之凝固。

6. 取出后切片，食用时可挤点柠檬汁。

加入粗米粉，轻轻混合。

在蒸好的粗米粉中，趁热加入盐、黑胡椒粉、柠檬汁和橄榄油，混合。

干贝的鲜美加上烤芦笋的香气、打造出浓醇的味道

芦笋干贝冻派

◎ **材料**（可以装满一个容积为600毫升的模具）

绿芦笋——15~17根
干贝罐头——1盒（110克）
鸡汤——300毫升
橄榄油——1/2汤匙
盐——适量
胡椒粉——适量
板状明胶——10.5克（7片）

◉ **准备**

•将板状明胶用冰水泡软。
•在模具中铺好衬纸。

● **做法**

1. 将绿芦笋的根部切掉，用削皮器去皮。

2. 在平底锅中放入橄榄油，烧热，煎芦笋，加入盐和胡椒粉调味后取出。根据模具的长度切割芦笋。

3. 在锅中放入干贝罐头（连同汁液一起）、鸡汤加热，用盐和胡椒粉调味，趁热放入攥干水分的板状明胶，使之溶化。

4. 将步骤3的原料倒入盆中，坐入冰水中，用橡皮刮刀一边搅拌一边冷却至黏稠状。

5. 将模具坐入冰水中，将

芦笋摆放在模具中，倒入步骤4的原料，盖过芦笋，再摆上一层芦笋，再倒入步骤4的原料，如此反复。

6. 盖上保鲜膜，放入冰箱冷藏使之凝固。

用豆浆制作的浓香芝麻奶油、绝对健康。切面中的无花果具有超强视觉冲击力

请于当天
吃完

无花果芝麻冻派

◎ **材料**（可以装满一个容积为600毫升的模具）

无花果——3~4个

芝麻粉——4汤匙

豆浆（调味豆浆）——50毫升

嫩豆腐——1块（300克）

酱油——1/2汤匙

白砂糖——1汤匙

盐——适量

白芝麻——适量

板状明胶——9克（6片）

◉ **准备**

• 将板状明胶用冰水泡软。
• 在模具中铺好衬纸。

● **做法**

1. 将无花果去皮。

2. 将嫩豆腐、芝麻粉、酱油、白砂糖和盐放入食品调理机中，搅拌成糊状，如果没有食品调理机，也可以用打蛋器或橡皮刮刀充分混合至材料柔滑，融合在一起。

3. 将豆浆用微波炉略微加热，放入攥干水分的板状明胶，使之溶化。

4. 将明胶加入步骤2的原料中，混合，倒入盆中，坐入冰水中，搅拌冷却使之黏稠。

5. 在模具中放入一小部分步骤4的原料，略微凝固之后摆放无花果，再倒入剩余的那部分原料。

6. 盖上保鲜膜，放入冰箱冷藏使之凝固，定型之后切片，撒上白芝麻。

其他法式冻派

咖喱和寿司也可以放入模具中，凝固之后就成了法式冻派。
外形华丽，方便食用，非常适合宴会。

Other terrine

一款想要让人喝啤酒的冻派、可以使用珍藏的香肠作为原料

香肠扁豆咖喱冻派

冷藏可以保
存1~2天

想象切好后的效果摆放香肠。

◎ **材料**（可以装满一个容积为600毫升的模具）

香肠（长圆条形）——5~6根

扁豆——1/2杯

洋葱——1/4个

水——400毫升

固体浓汤——1/2个

橄榄油——1/2汤匙

咖喱粉——1汤匙

盐——适量

胡椒粉——适量

牛奶蛋糊——适量

板状明胶——9克（6片）

● **准备**

•将板状明胶用冰水泡软。

•在模具中铺好衬纸。

•将扁豆清洗之后浸泡10分钟左右。

● **做法**

1. 将洋葱切碎。

2. 在锅中放入橄榄油，烧热，将洋葱和扁豆翻炒一下，洋葱软透之后，加入香肠和咖喱粉，清炒一下。

3. 在步骤2的材料中加入水、固体浓汤，盖上盖煮到扁豆变软。

4. 加入盐和胡椒粉调味，再加入攥干水分的板状明胶，使之溶化，然后坐入冰水中，搅拌冷却使之黏稠。

5. 在模具中放入香肠和扁豆，考虑好摆放位置。

6. 盖上保鲜膜，放入冰箱冷藏使之凝固，切片，添加牛奶蛋糊。

不想尝试一下蛋糕模样的寿司冻派吗？可以根据个人喜好、添加各种馅料

蛋糕寿司

请于当天吃完

◎ **材料**（可以装满一个容积为600毫升的模具）

大米——200克
海带——8厘米的方块适量
A ┌ 米醋——40毫升
  │ 白砂糖——2.5汤匙
  └ 盐——1/2汤匙
盐渍鲑鱼子——2汤匙
鲑鱼片——4汤匙
鸡蛋丝——1个鸡蛋的分量
豌豆嫩荚——4~5个

● **准备**

• 在模具中铺好衬纸。
• 将A充分混合。

● **做法**

1. 在大米中放入海带，按照通常的方法蒸制米饭，蒸好后取出海带，在米饭中加入调味料A，充分混合后，制作寿司饭。

2. 用盐水将豌豆嫩荚焯一下，斜着切丝。

3. 在模具底部铺上鸡蛋丝。

4. 将步骤1的材料塞到模具的一半高。

5. 均匀地摆好鲑鱼片，再用剩余的步骤1的原料填满整个模具。

6. 脱模，在鸡蛋丝上装点上盐渍鲑鱼子和豌豆嫩荚。

在铺好的鲑鱼片上面填满寿司饭，四角要压实，这样脱模后才有好看的形状。

装好之后，再从上面紧紧压实。

中式粽子

◎ **材料**（可以装满一个容积为600毫升的模具）

糯米——1杯
干香菇——2大个
虾米——5克
猪五花肉（块）——80克
鹌鹑蛋（煮熟）——6个
杏仁（煮熟）——10个
糖水煮栗子——4个
植物油——1/2汤匙
酱油——2汤匙
酒——1汤匙
水——适量

● **准备**

• 将干香菇和海米放入水中泡发柔软。泡发的汁液留下。
• 在模具中铺上衬纸。
• 将烤箱预热至170℃。

● **做法**

1. 将糯米用水淘一下，用笊篱捞出；将猪五花肉和干香菇切成8毫米的块；虾米切碎。

2. 在平底锅中倒入植物油，加热，放入五花肉翻炒，再加入香菇和虾米翻炒。

3. 加入糯米，清炒一下，在泡发干香菇和虾米的汁液中加水至300毫升，加入酱油、酒、鹌鹑蛋、杏仁和糖水煮栗子，炒到没有水分。

4. 将步骤3的原料装满模具。表面盖上烘焙油纸，用银箔作为盖子。

5. 坐入热水中，放入170℃的烤箱中烘焙30~40分钟。

6. 余热散去之后切片。

萝卜饼

◎ **材料**（可以装满一个容积为600毫升的模具）

萝卜（净重）——250克

水——250毫升

虾米——2汤匙

叉烧肉——30克

A ┌ 优质米粉——150克
　 ├ 淀粉——2汤匙
　 ├ 水——100毫升
　 └ 盐——1/2茶匙

植物油——适量

香菜——适量

豆瓣酱——适量

酱油——适量

醋——适量

● **准备**

• 将虾米用水（材料用量外）泡发，切碎。

• 在模具中铺上衬纸。

• 将烤箱预热至170℃。

● **做法**

1.将萝卜切丝；叉烧肉切小块；在锅中放入萝卜丝、水和虾米，煮到萝卜变软。

2.在大盆中放入原料A，用打蛋器充分混合。

3.将步骤1的材料取出加入步骤2的盆中；用打蛋器将萝卜搅碎，再加入叉烧肉混合。

4.将步骤3的原料放入模具中，表面盖上烘焙油纸，再用铝箔当盖。

5.坐入热水中，放入170℃的烤箱中烘焙40~50分钟。

6.连模具一起放凉之后，放入冰箱冷藏使之定型。

7.将刀用水浸湿后切分冻派，在平底锅中倒入植物油，烧热后，把冻派双面煎出香味。添加香菜和豆瓣酱，再淋上酱油和醋。

更有趣的创意美味

满满一盒的冻派。

第一次直接食用，第二天可以尝试下面的创意。

搭配吐司当早餐

使用的冻派 >> [**竹笋法式咸冻派** P56]

上面添加披萨专用奶酪，放入面包机中烤一下，搭配水果酸奶作为早餐。

添加在沙拉中

使用的冻派　　**鲑鱼冻派** P36

切成方块，加入绿色沙拉中，一下变身为华丽的菜品。

摆放在三明治上

使用的冻派 ⟶ 鸡肝冻派 P24

在法式乡村面包片上放上切得薄薄的鸡肝冻派，再摆放
腌制的小黄瓜做成开放式三明治。

宴会时的下酒菜

使用的冻派 > [意式鸡肉冻派卷 P26]

将冻派卷切块，和奶酪、小番茄、油橄榄一起插到钢签
上作为下酒菜。

香煎后作主菜

使用的冻派 >> 牛肉红薯冻派 P29

在表面涂抹上橄榄油，轻轻煎一下，添加上圆白菜丝和番茄。

Part 3

简单！
慕斯

水果慕斯

水果非常适合搭配冰凉的慕斯。
下面为你介绍使用水果干和琼脂的慕斯。

加入香蕉做出成熟味道的慕斯，非常适合搭配意大利浓咖啡

焦糖香蕉慕斯

冷藏可以保
存1~2天

在焦糖中加热水的时候注意不要
溅到皮肤上。

在香蕉上淋上焦糖汁，使其味道
更加成熟。

◎ 材料（可以装满一个容积为600毫升的模具）

香蕉——180克
植物鲜奶油——200克
牛奶——70毫升
白兰地——1/2汤匙
板状明胶——9克（6片）
细砂糖——200克
热水——120毫升
冷冻派皮——1张
蛋液——少量

● 制作焦糖香蕉

A
┌ 香蕉——1根（80克）
│ 黄油（无盐）5克
└ 细砂糖——10克

◎ 准备

• 将板状明胶用冰水泡软。
• 在模具底部铺上衬纸。
• 在冷冻派皮表面用叉子叉出几个孔，涂抹上蛋液，放入预热至180℃的烤箱中烘焙20分钟左右，剪成模具上口的大小。

● 做法

1. 在小锅中放入细砂糖，点火，变成茶褐色后加入热水制作焦糖汁，取出半份。
2. 在平底锅中放入材料A的黄油和细砂糖，烧热，变为茶褐色后加入香蕉，整个煎一下，取出放凉。
3. 将牛奶用微波炉加热，放入攥干水分的板状明胶，使之溶化。
4. 将半份步骤1中的焦糖汁和步骤3中的明胶、香蕉、植物鲜奶油、白兰地放入食品调理机，充分混合。
5. 将食品调理机中的材料放入盆中，坐入冰水，搅拌冷却使之黏稠。
6. 将半份步骤5的材料放入模具中，把步骤2的香蕉放在中间，再加入剩余的步骤5的材料。
7. 在模具上方铺好烤好的派皮，盖上保鲜膜，放入冰箱冷藏使之定型，切片后，淋上步骤1中预留的焦糖汁。

使用桃子和白葡萄酒制成的成熟气息的果冻、两层的造型非常可爱

水蜜桃鸡尾酒果冻

◎ **材料**（可以装满一个容积为600毫升的模具）

桃——1个（250克）
水——200毫升
白葡萄酒——200毫升
细砂糖——80克
酸奶（无糖）——3汤匙
板状明胶——13.5克（9片）
薄荷——适量

◎ **准备**

• 将板状明胶用冰水泡软。
• 在模具底部铺上衬纸。

● **做法**

1. 先用搅拌器将桃搅拌成糊状。

2. 在锅中放入水、白葡萄酒和细砂糖，点火，细砂糖溶化后关火，放入攥干水分的板状明胶，使之溶化。

3. 将步骤1的桃糊倒入盆中，加入步骤2的材料，充分混合，坐入冰水中，不停搅拌至黏稠。

4. 将步骤3的材料取出150毫升，和酸奶充分混合。

5. 将模具坐入冰水中，倒入步骤3的材料中。

6. 带模具中的材料略微凝固之后，将步骤4的材料沿着模具的内侧轻轻倒入，盖上保鲜膜，放入冰箱冷藏使之凝固。

7. 切片，装饰上薄荷。

做成含有少许明胶的黏稠状。无须脱模、食用时用勺子盛分

菠萝椰果慕斯

◎ **材料**（可以装满一个容积为600毫升的模具）

椰奶——200毫升

菠萝——120克

牛奶——100毫升

植物鲜奶油——120毫升

板状明胶——3克（2片）

细砂糖——30克

樱桃白兰地——1茶匙

A ┌ 牛奶——100毫升
　└ 细砂糖——60克

坚果（切碎）——适量

● **准备**

•将板状明胶用冰水泡软。

● **做法**

1.将菠萝切成小块；在平底锅中放入菠萝和细砂糖，点火，细砂糖融化后，开大火烧干水分，加入樱桃白兰地关火，散去余热，留出一部分作为装饰。

2.在小锅中放入A，点火，待细砂糖熔化后关火，放入攥干水分的板状明胶，使之溶化。

3.加入椰奶混合，坐入冰水中，搅拌冷却至黏稠。

4.将植物鲜奶油打发至能够留下少许打蛋器纹路（六七分硬）。

5.将少量的步骤4的材料加入步骤3的材料中，充分混合，之后加入步骤4剩余的打发奶油，用橡皮刮刀将除装饰菠萝、坚果外的所有材料轻轻混合。

6.将菠萝切块铺入模具底部，上面倒入步骤5的材料，盖上保鲜膜，放入冰箱冷藏使之凝固。

7.上面撒上坚果和装饰用的菠萝。

奶酪和柿饼的组合极其经典！也可以使用其他水果干

甜柿烤乳酪蛋糕

◎ **材料**（可以装满一个容积为
600毫升的模具）

奶油奶酪——250克

细砂糖——50克

鸡蛋——1个

牛奶——50毫升

柠檬汁——1茶匙

低筋面粉——10克

柿饼——3~4个

白兰地——1茶匙

● **准备**

• 在模具中铺上衬纸。

• 将烤箱预热至170℃。

• 将奶油奶酪在室温下回暖。

● **做法**

1. 将柿饼切片，加入白兰
地，混合浸泡。

2. 在盆中放入奶油奶酪，
用打蛋器搅拌至柔滑，加入
细砂糖，充分混合。

3. 将鸡蛋打散，分3次加入
步骤2的材料中，每次都要
充分混合；再一点点加入牛
奶和柠檬汁混合。

4. 将低筋面粉筛入步骤3的
材料中混合，再加入浸泡好
的柿饼，充分混合。

5. 倒入模具中，放入预热至
170℃的烤箱中烘焙30~40

分钟。表面微微上色即可。
烤好之后，在模具中放凉。

琼脂能够快速凝固令人惊喜，哈密瓜和牛奶的淡色搭配超赞

哈密瓜杏仁豆腐

请于当天吃完

◎ **材料**（可以装满一个容积为600毫升的模具）

哈密瓜——80克
牛奶——360毫升
水——180毫升
细砂糖——50克
杏仁粉——15克
琼脂粉——3克

● **做法**

1. 将哈密瓜切成1厘米见方的丁。

2. 在锅中放入水、牛奶、细砂糖、杏仁粉和琼脂粉，点火，搅拌至沸腾，之后再煮2~3分钟。

3. 在步骤2的材料中加入哈密瓜，充分混合。

4. 将模具底部坐入冰水中，倒入步骤3的材料；略微凝固之后，用竹签等工具将哈密瓜压入材料里面；盖上保鲜膜，放入冰箱冷藏1小时，使之凝固。

巧克力、乳制品慕斯

使用了巧克力和乳制品，打造出韵味十足的华丽慕斯。

非常适合搭配酸甜木莓的简单慕斯

巧克力慕斯

请于当天
吃完

将巧克力隔水加热使之融化。

先将少量蛋白酥皮和巧克力糊充分混合，之后加入剩余的蛋白酥皮。

◎ **材料**（可以装满一个容积为600毫升的模具）

甜巧克力——180克

木莓——20粒

鸡蛋——3个

细砂糖——45克

板状明胶——4.5克（3片）

● **木莓沙司**

A ┌ 木莓——20粒
　├ 细砂糖——20克
　└ 柠檬汁——1茶匙

● **准备**

• 将板状明胶用冰水泡软。
• 在模具底部铺上衬纸。

● **做法**

1. 制作木莓沙司：在小锅中加入A的木莓、细砂糖和柠檬汁，煮至黏稠。

2. 将甜巧克力切碎，放入大一点的盆中，隔水加热使之融化。

3. 趁热将攥干水分的板状明胶放入巧克力中使之融化，放入木莓，充分搅碎。

4. 将鸡蛋的蛋白和蛋黄分离，将蛋黄加入步骤3的材料中混合，蛋白放入大一点的盆中。

5. 用打蛋器反复搅拌蛋白，加入半份细砂糖，打发至蛋白微微变硬，加入剩余的细砂糖，再次充分打发至变硬。

6. 将少量的步骤5的材料放入巧克力糊中充分混合，将剩余的蛋白酥皮全部加入，用橡皮刮刀轻轻搅拌至材料柔滑。

7. 将步骤6的材料倒入模具中，盖上保鲜膜，放入冰箱冷藏使之凝固。

8. 切片，添加木莓沙司。

加入杏仁的牛奶有一种更加柔和的味道

杏仁牛奶冻

冷藏可以保存
1~2天

◎ **材料**（可以装满一个容积为
600毫升的模具）

杏仁片——80克
牛奶——360毫升
植物鲜奶油——180毫升
细砂糖——100克
板状明胶——10.5克（7片）
杏仁片（装饰用）——适量

◉ **准备**

•将板状明胶用冰水泡软。

● **做法**

1. 在锅中放入牛奶、细砂
糖和杏仁片，点火，一边搅
拌一边煮3分钟左右，再盖
上盖，蒸10分钟左右。

2. 将步骤1的材料过滤，加
入攥干水分的板状明胶，使
之溶化。

3. 加入植物鲜奶油，充分
混合。

4. 步骤3的材料倒入模具
中，盖上保鲜膜，放入冰箱
冷藏使之凝固。

5. 盛放到容器中，装饰上
杏仁片。

杏仁的香气融入牛奶中。

在盆口放上一个笊篱，将杏仁糊
过滤。

轻乳酪

◎ 材料（可以装满一个容积为600毫升的模具）

奶油奶酪——200克

酸奶（无糖）——120克

牛奶——60毫升

细砂糖——50克

柠檬汁——1汤匙

板状明胶——6克（4片）

饼干——30克

黄油（无盐）——215克

•美式樱桃红葡萄酒蜜饯（容易操作的分量）

A ⎡ 美式樱桃——20粒
  ⎢ 红葡萄酒——200毫升
  ⎣ 细砂糖——100克

◎ 准备

• 将板状明胶用冰水泡软。

• 在模具中铺上衬纸。

• 奶油奶酪在室温下软化。

● 做法

1. 制作美式樱桃红葡萄酒蜜饯：在小锅中放入A的红葡萄酒和细砂糖，点火，煮一会儿之后放入美式樱桃，煮5分钟左右，关火放凉，放入冰箱可以保存3~4天。

2. 将饼干切碎，加入软化的黄油，充分混合均匀，紧密地铺在模具底部压实。也可以在饼干表面盖上保鲜膜后压紧。

3. 在盆中放入奶油奶酪，用打蛋器搅拌至柔滑，加入细砂糖，充分混合。

4. 将牛奶用微波炉加热，加入攥干水分的板状明胶，使之溶化，散去余热。

5. 将酸奶分2次加入步骤3的材料中，混合，再加入柠檬汁，混合。最后加入步骤4的牛奶，充分混合。

6. 倒入步骤2的模具中，盖上保鲜膜，放入冰箱冷藏使之定型。

7. 在轻乳酪上面，装饰上去掉汁液的美式樱桃红葡萄酒蜜饯。

可可布丁

◎ **材料**（可以装满一个容积为600毫升的模具）

鸡蛋——3个
植物鲜奶油——100毫升
牛奶——200毫升
细砂糖——100克
可可粉——30克
杏仁曲奇（使用马卡龙的外皮也可以）——30克

● **焦糖**

A ⌈ 细砂糖——40克
  ⌊ 水——1汤匙

◎ **准备**

• 将烤箱预热至160℃。

● **做法**

1. 制作焦糖：将A的细砂糖放入小锅中，一边晃动一边加热，冒出小泡，变为茶褐色之后关火，加水，制作焦糖，趁热倒入模具中。

2. 将杏仁曲奇放入食品调理机中打碎，如果没有，也可以放入塑料袋中用擀面杖擀碎。

3. 将鸡蛋打散在盆中，加入可可粉，充分混合。

4. 在小锅中加入牛奶、植物鲜奶油、细砂糖和步骤2的材料，加热使细砂糖溶化。

5. 将步骤4的材料取一点点加入步骤3的材料中，充分混合均匀，倒入装有焦糖的模具中。

6. 在模具上面盖上铝箔，坐入热水中，放入160℃的烤箱中烘焙40～50分钟。用竹签扎一下，没有蛋液流出即可。

7. 放入冰水中散去余热，盖上保鲜膜，放入冰箱冷藏使之定型。

巧克力蛋糕

◎ **材料**（可以装满一个容积为600毫升的模具）

甜巧克力——70克

黄油（无盐）——50克

可可粉——25克

低筋面粉——5克

鸡蛋——2个

细砂糖——60克

植物鲜奶油——适量

● **准备**

• 将可可粉和低筋面粉混合过筛。

• 在模具中铺上衬纸。

• 将烤箱预热至170℃。

● **做法**

1. 将甜巧克力放入一个大盆中，隔水加热使之融化。

2. 趁热加入黄油，搅拌使之融化。如果不能完全融化可以再次隔水加热。

3. 将鸡蛋的蛋白和蛋黄分开，蛋黄加入步骤2的材料中，充分混合，蛋白放入另外一个大盆中。

4. 用打蛋器打发蛋白，加入1/3的细砂糖，混合。略微变硬后，加入剩余细砂糖的一半，继续混合。再次打发到变硬后，加入剩余的细砂糖，混合均匀，制作蛋白酥皮。

5. 将少量的步骤4的材料加入步骤3的材料中，充分混合均匀之后，加入剩余的步骤4的材料，用橡皮刮刀轻轻混合。

6. 蛋白酥皮尚有少许纹路时，加入可可粉和低筋面粉，充分搅拌至所有材料变得柔滑。

7. 将步骤6的材料倒入模具中，用橡皮刮刀将表面弄平，放入预热至170℃的烤箱中烘焙35～45分钟。用竹签扎一下，抽出时没有面糊粘连即可。

8. 脱模，放在蛋糕架上，晾凉。

9. 切片，添加轻（六七分硬）打发的植物鲜奶油。

操作简单的人气甜品。如果没有手指饼、使用海绵蛋糕也可以

提拉米苏

请于当天
吃完

◎**材料**（可以装满一个容积为600毫升的模具）

意大利软乳酪——70克

鸡蛋——1个

细砂糖——30克

饼干——8～10块

A ┌ 意大利浓咖啡——100毫升
  └ 细砂糖——15克

可可粉——适量

◎**准备**

• A中意大利浓咖啡中加入细砂糖，放凉。

●**做法**

1. 将意大利软乳酪放入一个大盆中，用打蛋器搅拌至柔滑。

2. 将鸡蛋的蛋白和蛋黄分开，将蛋黄加入步骤1处理好的材料中，充分混合。

3. 用打蛋器打发蛋白，加入1/3的细砂糖，混合均匀，略微变硬后，加入剩余细砂糖的一半，继续混合，再次打发到变硬后，加入剩余的细砂糖，混合，制作蛋白酥皮。

4. 将少量的步骤3的材料加入步骤2的材料中，充分混合之后，加入剩余的蛋白酥皮，用橡皮刮刀轻轻混合。

5. 在模具底部铺上饼干，上面倒入意大利浓咖啡。

6. 将步骤4的材料倒入模具，盖上保鲜膜，放入冰箱冷藏使之凝固。

7. 在表面撒上可可粉。

日式慕斯

无论是蜜豆还是浮岛，放入模具中都是如此可爱。
使用日式素材制作的慕斯呈现出新鲜的味道

人气蜜豆。添加冰激凌就成了奶油蜜豆

蜜豆慕斯

请于当天
吃完

制作琼脂液。加热搅拌至沸腾。

做好之后模具的底面要朝上放
置，所以要注意草莓的朝向。

◎**材料**（可以装满一个容积为
600毫升的模具）

草莓——11～13粒（选择大
而完整的草莓）

红糖——20克

煮红小豆——30克

水——400毫升

细砂糖——20克

琼脂粉——4克

A ┌ 脱脂牛奶——1汤匙
  └ 细砂糖——10克

◎**准备**

·将草莓去蒂。

●**做法**

1. 在锅中放入水、细砂糖
和琼脂粉，加热，搅拌烧开
后，再煮2～3分钟。

2. 取出100毫升步骤1的材
料，加入红糖，使之溶解，
拌入红小豆，再取出50毫升
的步骤1的材料，加入A，
混合；将两种液体放置在温
暖的地方，避免其凝固。

3. 将剩余的步骤1的材料散
去余热后倒入模具中，1厘
米高即可；略微凝固时，放
入草莓，尖端朝下。

4. 倒入步骤1的材料，没过
草莓的尾部，凝固之后，用
竹签将草莓调整好位置。

5. 步骤4的材料凝固后，倒
入步骤2的材料中加入了脱
脂牛奶的琼脂溶液。

6. 步骤5的材料凝固后，倒
入步骤2的材料中加入了红
小豆的琼脂溶液。

7. 完全晾凉之后，放入冰
箱冷藏30分钟至1个小时使
之定型。

在颤颤的抹茶慕斯上搭配了栗子和甜纳豆。添加植物鲜奶油也很美味

抹茶慕斯

◎ **材料**（可以装满一个容积为600毫升的模具）

抹茶（粉）——10克
糖水煮栗子——3个
牛奶——200毫升
植物鲜奶油——150毫升
细砂糖——60克
板状明胶——6克（4片）
甜纳豆——适量

● **准备**

• 将板状明胶用冰水泡软。
• 在模具底部铺上衬纸。
• 将抹茶过筛。

● **做法**

1. 将糖水煮栗子切成合适的大小。
2. 在锅中加入牛奶和细砂糖，点火，细砂糖溶解后关火，将攥干水分的板状明胶加入其中，使之溶化。
3. 在大一点的盆中放入抹茶，一点点加入步骤2的材料，充分混合。
4. 将步骤3的材料倒入盆中，坐入冰水，不断搅拌冷却使之黏稠。
5. 打发植物鲜奶油，能够留下浅浅的打蛋器纹路即可（六七分硬）。
6. 将少量的步骤5的材料加入步骤4的材料中，充分混合后加入步骤5剩余的材料中，用橡皮刮刀轻轻混合，加入甜纳豆和步骤1切好的栗子。
7. 将步骤6的材料倒入模具中，盖上保鲜膜，放入冰箱冷藏使之凝固。
8. 切分后添加甜纳豆。

红糖蕨菜饼和黄豆粉慕斯搭配而成、反差巨大的口感极具特色

黄豆粉慕斯&蕨菜饼

◎**材料**（可以装满一个容积为600毫升的模具）

蕨菜饼粉——50克
水——150毫升
红糖——40克
豆浆——250毫升
植物鲜奶油——120毫升
黄豆粉——35克
上白糖——40克
板状明胶——7.5克（5片）

●**准备**

• 将板状明胶用冰水泡软。
• 在模具底部铺上衬纸。

●**做法**

1. 在锅中放入蕨菜饼粉、水和红糖，充分混合后，点火，用木勺搅拌，黏稠透明后调至小火，搅拌到所有材料变为透明状态。

2. 将步骤1的材料倒入模具中，用浸过水的木勺等将表面弄平，放置冷却。

3. 另取一个锅，放入豆浆、上白糖和黄豆粉，混合后点火。

4. 上白糖溶解后关火，加入攥干水分的板状明胶，使之溶化。

5. 将步骤4的材料倒入盆中，坐入冰水，搅拌冷却使之黏稠。

6. 同时打发植物鲜奶油，能够留下浅浅的打蛋器纹路即可（六七分硬）。

7. 将少量的步骤6的材料加入步骤5的材料中，充分混合后加入步骤6剩余的材料中，用橡皮刮刀轻轻混合。

8. 在步骤2的材料上倒入步骤7的材料，放入冰箱冷藏使之凝固，因为放入冰箱之后蕨菜饼会逐渐变硬，所以黄豆粉凝固的时候刚好可以食用。

9. 切片，撒上黄豆粉（材料用量外）。

用南瓜制作的健康浮岛，当作小礼物送人也不错哦

南瓜浮岛慕斯

冷藏可以保存
2～3天

◎材料（可以装满一个容积为600毫升的模具）

南瓜（去皮净重）——200克
鸡蛋——1个
上白糖——50克
低筋面粉——10克
优质米粉——10克
泡打粉——1克
甜纳豆——适量

●准备

• 在模具底部铺上衬纸。
• 将烤箱预热至160℃。
• 将低筋面粉、优质米粉和泡打粉混合过筛。

●做法

1. 将南瓜切成合适的大小，蒸至柔软，趁热捣碎，加入2/3的上白糖，充分混合，放凉。

2. 将鸡蛋的蛋白和蛋黄分开，蛋黄加入步骤1的材料中混合。蛋白放入大一点的盆中。

3. 在步骤1的材料中加入低筋面粉、优质米粉和泡打粉，用橡皮刮刀充分混合。

4. 在蛋白中加入剩余的上白糖，打发。变硬之后，取少量加入步骤3的材料中，充分混合之后，加入全部打发的蛋白，轻轻混合至材料融合，加入甜纳豆，混合。

5. 到入模具中，用橡皮刮刀将表面弄平整，盖上铝箔作为盖子，坐入热水中，放入预热至160℃的烤箱中烘焙50～60分钟。用竹签扎一下，没有材料粘连即可。

6. 脱模，放在蛋糕架上晾凉即可。

捣碎的南瓜余热散尽之后，加入蛋黄，充分混合。

在南瓜糊中加入粉类，用橡皮刮刀充分混合。

加入全部剩余的蛋白酥皮，轻轻混合。

切面中好似有很多明媚的笑脸。适合搭配红糖浓汁食用

枇杷琼脂

请于当天
吃完

◎**材料**(可以装满一个容积为600毫升的模具)

枇杷——12个
细砂糖——120克
琼脂粉——3克
水——400毫升
柠檬汁——1/2汤匙
红糖浓汁——适量

● **做法**

1. 将枇杷纵向切成两半，去掉皮和子。
2. 在锅中放入水、细砂糖和琼脂粉，点火，煮开之后加入枇杷和柠檬汁，煮4分钟左右。
3. 在模具底部摆放枇杷，切口朝上，倒入步骤2的琼脂液，盖过枇杷。
4. 在底层枇杷上面摆放第二层枇杷，再次倒入琼脂液，盖过枇杷。同样叠放第三层，倒入剩余的琼脂液。
5. 凝固之后，用竹签等将枇杷调整好位置，完全放凉之后，盖上保鲜膜，放入冰箱冷藏1小时使之定型。
6. 切分，添加红糖浓汁。

好似点心店里出售的点心一样。建议作为新年的甜品

请于当天
吃完

黑豆琼脂

◎**材料**（可以装满一个容积为
600毫升的模具）

糖水煮黑豆——100克
水——450毫升
细砂糖——100克
鲜柚汁——1个柚子的量
琼脂粉——4克
柚子皮——1/2个
柚子皮（装饰用）——适量

● **做法**

1.将柚子皮用削皮器擦成
细丝。

2.在锅中放入水、细砂糖
和琼脂粉，点火，搅拌2~3
分钟，直至煮开。

3.在步骤2的材料中加入鲜
柚汁、柚子皮丝和糖水煮黑
豆，混合。

4.将步骤3的材料倒入模具
中，完全放凉之后，盖上保
鲜膜，放入冰箱冷藏1小时
使之定型。

5.切小块，撒上柚子皮。

更有趣的创意美味

虽然单独品尝慕斯很美味，但如果和下面的素材组合一下会不会更美味更有创意呢？
下面为你介绍既适合款待朋友，也可以自己作为茶点的创意食谱。

搭配植物奶油和红小豆

使用的慕斯　　**南瓜浮岛慕斯**（P102）

添加打发的植物鲜奶油和糖水煮红小豆，制作一款略花
心思的甜品。

混合冰激凌

使用的慕斯　抹茶慕斯（P98）

和香草冰激凌混合制成的创意慕斯。

搭配糖煮水果

使用的慕斯　　哈密瓜杏仁豆腐（P83）

切块，和莓果类一起添加到苏打水中，
制成一款清爽的甜饮料。

做成冷糕

使用的慕斯　巧克力蛋糕（P92）

切块，在玻璃杯中同时放入玉米片、果酱、水果、冰激凌和烤坚果。

在P16的草莓慕斯中使用过

湿润的海绵蛋糕

◎**材料**（可以装满一个30厘米×30厘米的烤盘）

鸡蛋——3个
细砂糖——70克
低筋面粉——50克
黄油（无盐）——20克
牛奶——30毫升

● **准备**

• 将黄油和牛奶一起放入盆中，隔水加热。
• 将烤箱预热至200℃。
• 在模具中铺上衬纸。

● **做法**

1. 在盆中打入鸡蛋，加入细砂糖，轻轻混合。
2. 将盆坐入热水中，用打蛋器打发。直到黏稠，呈现丝带痕迹。
3. 轻轻转动打蛋器，使气泡的大小均匀。
4. 将低筋面粉过筛后加入，用橡皮刮刀混合至材料出现光泽。
5. 加入融化的黄油和牛奶，充分混合均匀，倒入模具中，用刮刀弄平整，轻磕模具底部，排掉气泡。
6. 放入预热至200℃的烤箱中烘焙9～11分钟，脱模，盖上纸巾，防止表面干燥，放凉。
7. 翻面，剥掉衬纸，使用之前要包裹保鲜膜。

盆、橡皮刮刀

盆用于混合材料。直径20～24厘米用起来尺寸刚好合适。橡皮刮刀用于混合材料，或者将材料美观地集中在一起。

工具表
Tools

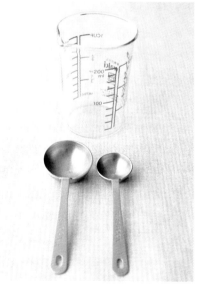

小抹刀

从模具中取出冻派或慕斯，以及切分好后移到盘子中时使用。使用刀面薄、刀面和手柄高有落差的抹刀比较方便。

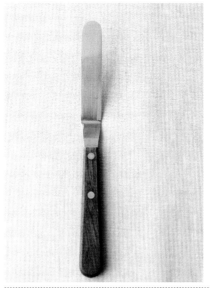

秤

称重时使用。家庭用精确到1克即可。请选择单位为克的秤。推荐你使用方便读取的数字式。

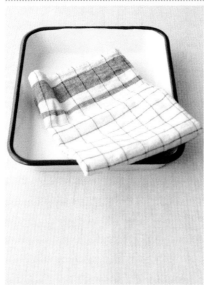

西点盘、毛巾

隔水加热或将烤好的食品放凉时使用。最好选择能够放下模具、深3厘米以上的西点盘。毛巾有时候要放入烤箱，所以请使用结实的棉麻材质。

食品调理机

用于将材料搅拌细滑使用。本书中使用的是固定式食品调理机，也可以用手提式搅拌机代替。

图书在版编目（CIP）数据

荒木典子的法式冻派和慕斯／（日）荒木典子著；钱海澎译 .—杭州：浙江科学技术出版社，2013.12

ISBN 978-7-5341-5809-4

Ⅰ . ①荒… Ⅱ . ①荒… ②钱… Ⅲ . ①甜食－制作 Ⅳ . ① TS972.134

中国版本图书馆 CIP 数据核字（2013）第 249912 号

著作权合同登记号 图字：11－2013－210号

原书名：テリーヌ & ムース

Terrine & Mousse © Noriko Araki 2010
Original Japanese edition published in 2010 by Nitto Shoin Honsha Co.，Ltd.
Simplified Chinese Character rights arranged with Nitto Shoin Honsha Co.，Ltd.
Through Beijing GW Culture Communications Co.，Ltd.

荒木典子的法式冻派和慕斯

责任编辑： 宋　东　王　群　王巧玲	**特约编辑：** 陈志刚　解鲜花	
责任校对： 梁　峥　李骁睿	**特约美编：** 王秋成	
责任美编： 金　晖	**封面设计：** 刘潇然	
责任印务： 徐忠雷	**版式设计：** 孙阳阳	

出版发行 浙江科学技术出版社

　　　　　地址：杭州市体育场路347号

　　　　　邮政编码：310006

　　　　　联系电话：0571-85058048

制　　作： 日知图书（www.rzbook.com）

印　　刷： 北京艺堂印刷有限公司

经　　销： 全国各地新华书店

开　　本： 710×1000　1/16

字　　数： 100千

印　　张： 7

版　　次： 2013年12月第1版

印　　次： 2013年12月第1次印刷

书　　号： ISBN 978-7-5341-5809-4

定　　价： 39.00元